Desbloquea tu energía

Desbloquea tu energía

PAIDÓS.

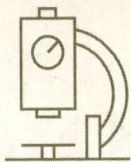

© 2025, Estudio PE S. A. C.

Desarrollo editorial: Anónima Content Studio
Coordinación editorial: Daniela Alcalde
Cuidado de la edición: Carlos Ramos y Daniela Alcalde
Redacción e investigación: Aldo Pancorbo y Micaela Arizola
Revisión científica: Laia Alonso
Diseño de portada: Lyda Naussán
Diseño de interior e infografías: Gian Saldarriaga
Fotografías: Lummi

Derechos reservados

© 2025, Ediciones Culturales Paidós, S.A. de C.V.
Bajo el sello editorial PAIDÓS M.R.
Avenida Presidente Masarik núm. 111,
Piso 2, Polanco V Sección, Miguel Hidalgo
C.P. 11560, Ciudad de México
www.planetadelibros.com.mx
www.paidos.com.mx

Primera edición impresa en México: abril de 2025
ISBN: 978-607-569-939-4

Impreso en los talleres de Litográfica Ingramex, S.A. de C.V.
Centeno núm. 162-1, colonia Granjas Esmeralda, Ciudad de México
Impreso y hecho en México – *Printed and made in Mexico*

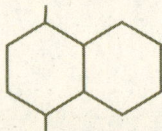

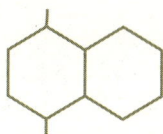

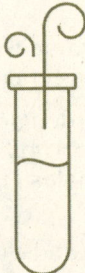

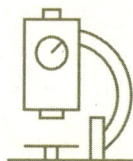

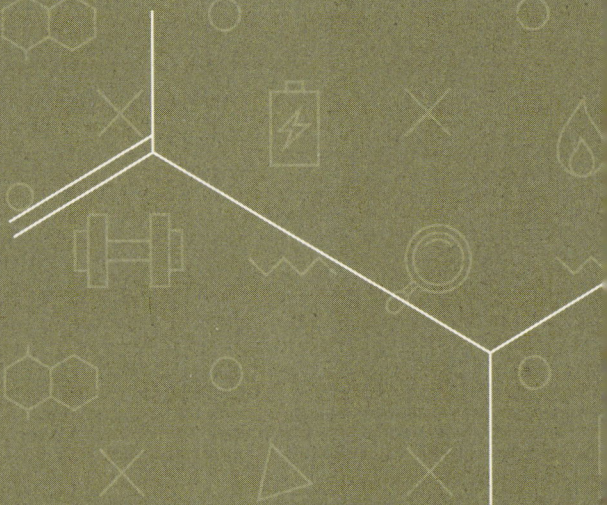

LA química

CORPORAL

Esta colección es un manual para descubrir la fisiología y la bioquímica que te llevarán al camino de la felicidad. Es también una invitación a un viaje que desvela la relación entre lo físico y lo emocional siguiendo la ruta de seis hormonas (oxitocina, dopamina, endorfinas, serotonina, testosterona y cortisol) y los neurotransmisores que tienen un papel fundamental en nuestras emociones y salud mental.

Para comenzar, en cada libro definiremos los principales conceptos sobre la química de la felicidad. Luego, se describirá cada una de las seis hormonas y se explicará cómo actúan y los efectos que producen en el cuerpo. Además, encontrarás ejemplos prácticos sobre cómo estimular las hormonas y los neurotransmisores para mantener el equilibrio entre ellos. Así podrás cambiar tus hábitos e incorporar nuevas prácticas para un estilo de vida más sano y, sobre todo, para convertirte en una versión tuya más feliz.

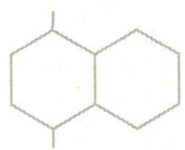

Las emociones en el cuerpo

Esperar los resultados de un proceso de selección de personal, sentir que el tiempo se detiene porque tu pareja no responde tu mensaje de WhatsApp o contar los días para emprender el viaje soñado con tus amigos son ejemplos de factores que probablemente te produzcan sentimientos de ansiedad y estrés. ¿Sabías que estas y otras respuestas emocionales se pueden manifestar en distintas partes de nuestro cuerpo? Partiendo de esta idea, un equipo de científicos finlandeses creó el mapa corporal de las emociones humanas.

Las emociones nos permiten adaptarnos a diversas situaciones, protegernos de amenazas y relacionarnos con otros seres.

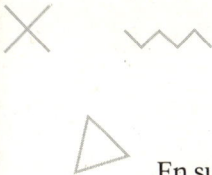

En su estudio —realizado en 2013—, los participantes debían ubicar en qué parte del cuerpo sentían cada una de sus emociones. Tras este procedimiento, el grupo de investigadores descubrió que la emoción no solo modula la salud mental, sino que también genera respuestas concretas en ciertas zonas corporales, independientemente de la cultura a la que el individuo pertenezca. Estas reacciones son mecanismos biológicos que nos enseñan la conexión de la mente con el cuerpo. Cada emoción viene con su propia manifestación física.

Según este mapa, las dos emociones que generan respuestas más intensas, casi en todo el cuerpo, son la alegría y el amor. Por su parte, la depresión se percibe en el tórax, mientras que la ansiedad y la envidia se sienten en el pecho y la cabeza, respectivamente.

En ese sentido, el sistema endocrino es el encargado de traducir los estímulos y procesarlos en nuestro organismo. ¿Cómo? Mediante señales químicas que unas células, como las neuronas, transmiten a otras para influir en su comportamiento.

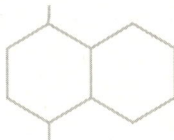

El sistema endocrino y el control de nuestro organismo

El sistema endocrino influye en casi todo el funcionamiento del cuerpo. Está compuesto por glándulas que producen hormonas, sustancias químicas que son liberadas directamente en nuestra sangre para que lleguen a las células, tejidos y órganos, de manera que ayuden a controlar el estado de ánimo, el crecimiento, el desarrollo, el metabolismo, la reproducción, el apetito y el sueño, entre otros. Las hormonas funcionan como mensajeros que comunican a las distintas partes de nuestro organismo la función que deben cumplir.

Las hormonas tienen un impacto directo en nuestra conducta.

Las hormonas pueden influir
en nuestro apetito.

Este sistema determina qué cantidad de cada hormona se segrega en el torrente sanguíneo, lo cual depende del nivel de concentración de esta y otras sustancias. Algunos factores como el estrés, las infecciones
y los cambios en el equilibrio de líquidos y minerales de la sangre también afectan las concentraciones
hormonales.

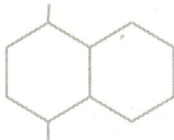

LAS PRINCIPALES GLÁNDULAS ENDOCRINAS

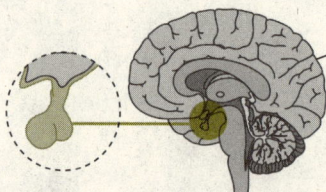

LA HIPÓFISIS

Se sitúa en la base del cráneo y se le considera la «glándula maestra», pues produce hormonas, como la oxitocina, que controlan otras glándulas y muchas funciones del cuerpo; por ejemplo, el crecimiento y la fertilidad.

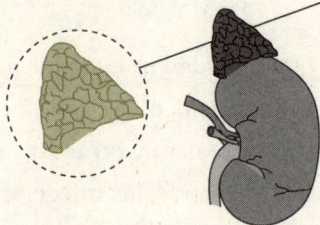

LAS GLÁNDULAS SUPRARRENALES

Son dos y se encuentran encima de cada riñón. Constan de dos partes: la corteza suprarrenal y la médula suprarrenal. La corteza segrega unas hormonas llamadas corticoesteroides (como el cortisol), implicadas en los procesos inflamatorios y en la regulación del sistema inmunitario. Por su parte, la médula produce catecolaminas (adrenalina, noradrenalina y dopamina) y es la responsable de generar respuestas frente al estrés.

EL HIPOTÁLAMO

Se encuentra en la parte central inferior del cerebro y recoge la información que este recibe, como la temperatura que nos rodea, el hambre, el sueño, las emociones, etc. Luego, la envía a la hipófisis, uniendo el sistema endocrino con el sistema nervioso. Esto nos mantiene en homeostasis.

LA GLÁNDULA PINEAL

Está ubicada en el centro del cerebro. Segrega melatonina, una hormona que regula el sueño.

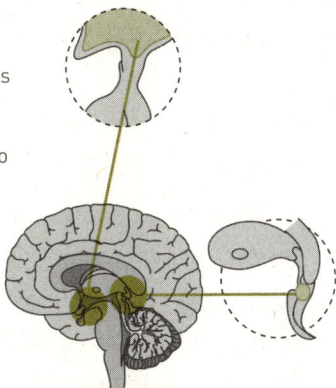

LA GLÁNDULA TIROIDEA

Se localiza en la parte baja y anterior del cuello. Produce las hormonas tiroideas tiroxina y triiodotironina, que controlan la velocidad con que las células queman el combustible de los alimentos para generar energía. Además, son importantes porque, cuando somos niños y adolescentes, ayudan a que nuestros huesos crezcan y se desarrollen.

LAS GLÁNDULAS PARATIROIDEAS

Son cuatro que están unidas a la glándula tiroidea y, conjuntamente, segregan la hormona paratiroidea, que regula la concentración de calcio en la sangre.

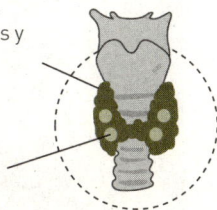

MUJERES | HOMBRES

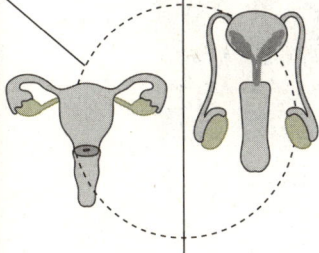

LAS GLÁNDULAS REPRODUCTORAS

También llamadas gónadas, son las principales fuentes de las hormonas sexuales. En los hombres, las gónadas masculinas o testículos segregan un conjunto de hormonas llamadas andrógenos, entre las cuales la más importante es la testosterona. En las mujeres, las gónadas femeninas u ovarios producen óvulos y segregan las hormonas femeninas: el estrógeno y la progesterona.

Cabe resaltar que el sistema endocrino no es el único involucrado en el trabajo de las hormonas, ya que este se relaciona estrechamente con el sistema nervioso. Nuestro cerebro envía las instrucciones al sistema endocrino, el cual «alimenta» con sus respuestas al sistema nervioso, que recopila, procesa y guarda esta información. Estos sistemas forman una relación bidireccional clave para mantener el equilibrio de nuestro cuerpo.

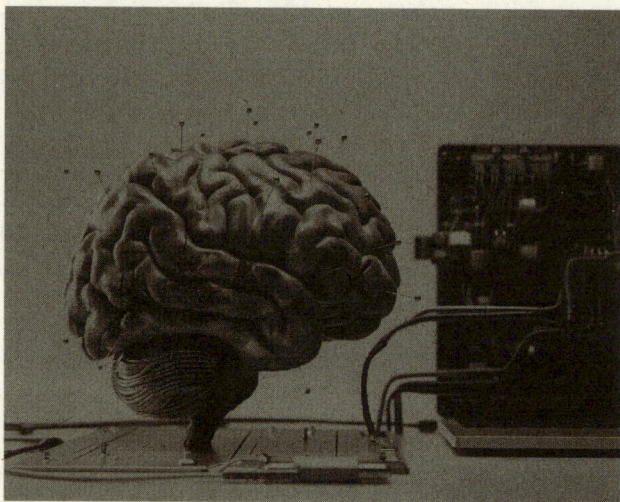

El cerebro es como el centro de operaciones de nuestro cuerpo. Envía las instrucciones para cada una de sus funciones.

El sistema nervioso: el descifrador de estímulos

El sistema nervioso es una red compleja de células especializadas, principalmente neuronas, que se encargan de coordinar y controlar las funciones de nuestro cuerpo. Se divide en dos partes principales:

- Sistema nervioso central (SNC): incluye el cerebro y la médula espinal. Es el centro de procesamiento y control, donde se reciben y analizan las señales del cuerpo y el entorno, y se toman decisiones para coordinar respuestas.

- Sistema nervioso periférico (SNP): está formado por nervios que conectan el SNC con el resto del cuerpo. Se subdivide en:

  - Sistema nervioso somático: controla las acciones voluntarias, como el movimiento de los músculos.

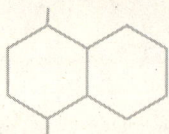

■ **Sistema nervioso autónomo:** regula funciones involuntarias, como la digestión y la respiración. Este, a su vez, está conformado por el sistema simpático, que activa la respuesta de lucha o huida ante situaciones de estrés, y el sistema parasimpático, que promueve el descanso y la digestión, facilitando la recuperación del cuerpo.

Asimismo, el sistema nervioso hace posible la comunicación entre el cuerpo y el cerebro, asegurando que las funciones vitales y las respuestas a estímulos externos se realicen de manera eficiente.

Como sabemos, todo en el cuerpo humano está entrelazado. No hay sistema u órgano que no esté relacionado con otros. Este también es el caso del sistema nervioso, como veremos a continuación.

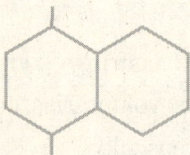

Los neurotransmisores: conexiones esenciales

Son las sustancias químicas que envían información precisa de una neurona a otra. Ese intercambio que sucede en las neuronas de nuestro cerebro es esencial para poder sentir, pensar y actuar. Esta sinapsis o conexión que se establece entre neuronas próximas da como resultado la regulación de nuestro organismo.

Si bien los neurotransmisores y las hormonas comparten muchas características, no son lo mismo. Una de las grandes diferencias entre ambos es que los neurotransmisores viajan a través de las sinapsis en el sistema nervioso central para comunicarse con otras neuronas y músculos, mientras que las hormonas se producen en las glándulas endocrinas —como el hipotálamo, la hipófisis o la tiroides— y recorren el cuerpo a través del torrente sanguíneo para llegar a los órganos.

En 1921, el fisiólogo alemán Otto Loewi descubrió la existencia de los neurotransmisores en el cerebro.

Existen más de cuarenta neurotransmisores en el sistema nervioso humano. Algunos de los más importantes son:

- **Serotonina**: conocido como el «neurotransmisor de la felicidad», tiene un papel fundamental en la regulación del estado de ánimo, el sueño y el apetito. También influye en el buen funcionamiento cognitivo, la memoria y la modulación del dolor.
- **Dopamina**: está vinculada con la motivación, la recompensa y el placer. Se libera cuando experimentamos satisfacción —como cuando comemos algo que nos gusta— y está relacionada con el proceso de aprendizaje y la memoria.
- **Noradrenalina**: desempeña un papel crucial en la respuesta al estrés y la regulación del estado de alerta, por lo que siempre está siendo secretada en pequeñas cantidades. Cuando necesitamos estar enfocados y atentos, este neurotransmisor es el responsable de preparar nuestro cuerpo y mente para afrontar los desafíos.

● **Adrenalina:** se libera exclusivamente en situaciones de estrés o peligro, en las que envía señales de alerta y nos prepara para la respuesta de lucha o huida, dando lugar al aumento de la frecuencia cardiaca y la presión arterial.

● **Ácido gamma-aminobutírico o GABA:** funciona como inhibidor del cerebro, ya que contrarresta la acción excitatoria de otros neurotransmisores, lo que genera un efecto calmante y mantiene en equilibrio nuestro sistema nervioso. Los medicamentos que son utilizados en los trastornos de ansiedad, como las benzodiacepinas, actúan sobre este neurotransmisor.

Si bien las hormonas y los neurotransmisores funcionan dentro de nuestro organismo mediante mensajes químicos entre los sistemas endocrino y nervioso, fuera del cuerpo trabajan las feromonas, que son señales para los miembros de la misma especie. Estas señales son interpretadas por nuestro cerebro y se desata como respuesta la comunicación interna hormonal.

Las feromonas: aliadas sutiles

Son sustancias químicas emitidas por la mayoría de los seres vivos para provocar respuestas en otros individuos de la misma especie, ayudándolos a comunicarse y organizarse eficientemente.

En los animales, las feromonas influyen en la atracción sexual, la delimitación de territorios, la identificación de miembros de la familia o la advertencia de peligro; mientras que en nosotros, los humanos, pueden afectar el comportamiento social y sexual de forma sutil.

Los tipos más comunes de feromonas en animales y humanos son:

- **De señalización sexual:** están relacionadas con el apareamiento y la atracción sexual.
- **De alarma:** son emitidas en situaciones de peligro o estrés para alertar a otros ante una amenaza inminente.
- **Territoriales:** sirven para marcar un territorio y evitar que otros individuos entren en él. En los animales, pueden estar en la orina y los excrementos.

- **De rastro:** ayudan a los miembros de un grupo de la misma especie a orientarse y seguir rutas establecidas.
- **Calmantes:** tienen un efecto tranquilizante sobre otros seres de la misma especie.
- **De agregación:** permiten a los individuos identificar a miembros de su propia especie o compañeros de grupo.

En una pareja, realmente existe una química que hace que se sientan atraídos el uno por el otro.

Otras alianzas estratégicas

El sistema endocrino es el protagonista en el trabajo hormonal. Se encarga de enviar información a las glándulas y órganos que elaboran hormonas para que estos, a su vez, las liberen en la sangre. De esta manera, sus mensajes llegan a todo nuestro cuerpo y los siguientes sistemas lo ayudan a realizar bien su trabajo:

SISTEMA ENDOCRINO

Elabora y libera hormonas en la sangre para que lleguen a los tejidos y órganos de todo el cuerpo.

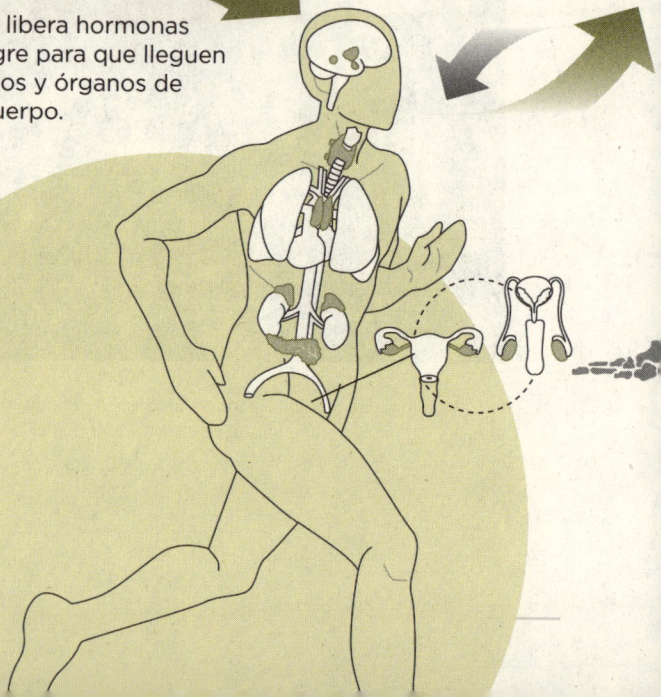

SISTEMA MUSCULAR
Facilita el movimiento del cuerpo, tanto voluntario como involuntario.

SISTEMA CIRCULATORIO
Transporta sangre, oxígeno y nutrientes a las células del cuerpo.

SISTEMA DIGESTIVO
Transforma alimentos en energía y nutrientes para el crecimiento y la reparación.

SISTEMA URINARIO
Filtra y elimina desechos del cuerpo y regula el equilibrio de líquidos.

SISTEMA NERVIOSO
Coordina las acciones del cuerpo mediante señales eléctricas y químicas.

SISTEMA ESQUELÉTICO
Soporta y protege los tejidos y órganos del cuerpo, además de facilitar su movimiento.

SISTEMA RESPIRATORIO
Aporta oxígeno al cuerpo y elimina dióxido de carbono.

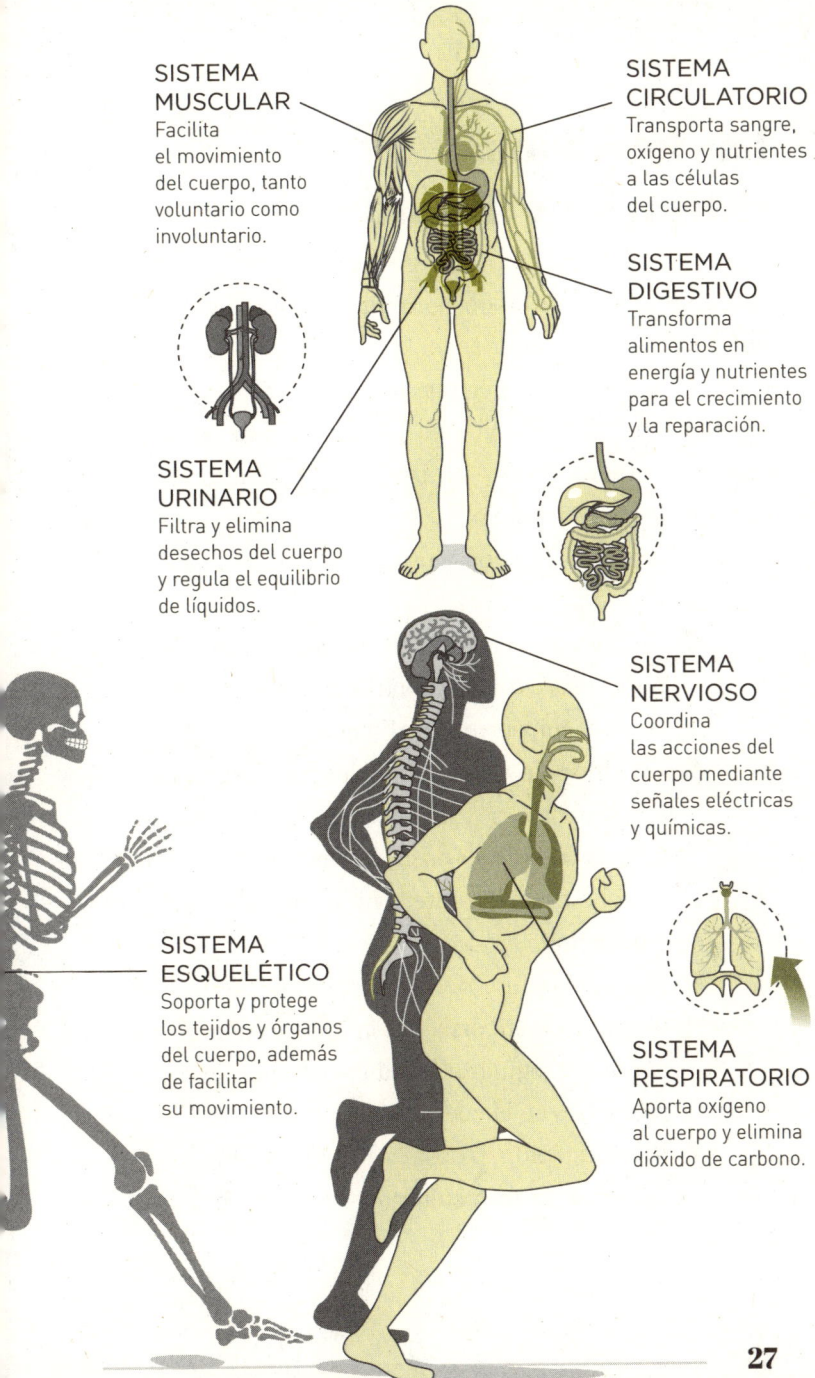

27

Las hormonas: emisarias eficientes

Son compuestos químicos generados por las glándulas del sistema endocrino que funcionan como transmisores de señales en nuestro cuerpo. Se desplazan por el torrente sanguíneo y son esenciales para preservar el equilibrio y la armonía entre nuestros distintos órganos y sistemas.

En cuanto a sus funciones principales, destacamos:

- **Regulación del metabolismo:** la insulina y las hormonas tiroideas controlan cómo nuestro cuerpo convierte los alimentos en energía.
- **Crecimiento y desarrollo:** las hormonas del crecimiento y sexuales, como los estrógenos y la testosterona, son clave para nuestro desarrollo físico durante la niñez, adolescencia y pubertad.
- **Mantenimiento del equilibrio interno (homeostasis):** el cortisol y la aldosterona nos ayudan a regular el equilibrio de sal, agua y minerales en el cuerpo.
- **Reproducción y desarrollo sexual:** los estrógenos, la testosterona y la progesterona

controlan el desarrollo de los caracteres sexuales secundarios y, según el sexo, regulan el ciclo menstrual, el embarazo o la producción de esperma.

- Regulación del estado de ánimo y el comportamiento: el cortisol y la testosterona influyen en nuestro estado emocional y los niveles de energía.
- Respuesta al estrés: el cortisol y la adrenalina preparan al cuerpo para reaccionar ante situaciones de estrés o peligro.

El funcionamiento adecuado de nuestras hormonas nos ayudará a lograr el bienestar y el equilibrio.

Cuando hay demasiadas o muy pocas hormonas en el torrente sanguíneo, se produce el desequilibrio hormonal y se desencadenan problemas de salud. Por eso, es esencial que haya un balance adecuado entre ellas para que funcionemos óptimamente y podamos evitar los siguientes efectos negativos:

- Trastornos metabólicos: un exceso o déficit de hormonas tiroideas o insulina puede generarnos hipotiroidismo, hipertiroidismo o diabetes.
- Problemas emocionales: un desequilibrio de cortisol o de las hormonas del estrés puede causarnos ansiedad, depresión o irritabilidad.
- Problemas de crecimiento: la deficiencia de la hormona del crecimiento puede ocasionarnos problemas como enanismo, mientras que un exceso provoca gigantismo o acromegalia.

- **Alteraciones reproductivas:** un desequilibrio en las hormonas sexuales puede causar, en las mujeres, infertilidad y problemas menstruales, mientras que, en los hombres, genera baja producción de esperma o disfunción eréctil.
- **Estrés crónico y fatiga:** un exceso de cortisol puede llevarnos al agotamiento, problemas de memoria y aumento de peso.

Debido a la importancia que tienen las hormonas para el organismo, su desbalance puede causarnos trastornos hormonales.

> Si no se atienden a tiempo, los desequilibrios hormonales pueden desencadenar afecciones crónicas. Por eso, es importante cuidar el equilibrio químico de nuestro cuerpo.

El desorden de los trastornos hormonales

Los trastornos hormonales aparecen cuando tenemos un desequilibrio en la producción o función de las hormonas en el cuerpo. Algunos de los más importantes son los siguientes:

- **Hipotiroidismo:** ocurre cuando nuestra glándula tiroides no produce suficiente cantidad de dos hormonas tiroideas (T3 y T4). Entonces, se desregulan las reacciones metabólicas del organismo y se afectan las funciones neuronales, cardiocirculatorias, digestivas, entre otras.
- **Hipertiroidismo:** es un exceso de hormonas tiroideas que puede acelerar el metabolismo y, como consecuencia de ello, producirnos una pérdida de peso inesperada, acelerar nuestro ritmo cardiaco y predisponernos a un aumento de sudoración o de irritabilidad.
- **Diabetes:** consiste en la deficiencia o resistencia a la insulina, lo que afecta la regulación del azúcar en la sangre y nos puede causar

daños graves en el corazón, los vasos sanguíneos, los ojos, los riñones y los nervios.

- Síndrome de ovario poliquístico (SOP): se define como el desequilibrio de las hormonas sexuales femeninas (exceso de andrógenos) y puede provocar la ausencia de la menstruación o ciclos irregulares.

- Insuficiencia suprarrenal (enfermedad de Addison): se origina cuando las glándulas suprarrenales no producen suficiente cortisol y aldosterona.

- Síndrome de Cushing: se produce por un exceso de cortisol en nuestro cuerpo.

- Acromegalia: sucede como consecuencia de tener niveles altos de la hormona de crecimiento en los adultos, generalmente debido a un tumor en la glándula pituitaria.

- Hipogonadismo: es la producción insuficiente de hormonas sexuales (testosterona en hombres, estrógeno en mujeres).

- Hiperprolactinemia: ocurre por un exceso de prolactina, regularmente causado por un tumor en la glándula pituitaria.

- Menopausia precoz: se trata de la disminución temprana de los niveles de estrógeno, generalmente antes de los 40 años.

La felicidad explicada de forma orgánica

Las hormonas y los neurotransmisores juegan un papel fundamental en la regulación de las emociones. Los desequilibrios hormonales pueden generar cambios de humor, ansiedad, depresión u otras alteraciones. Por el contrario, mantener un equilibrio hormonal saludable favorece nuestra estabilidad emocional y bienestar mental, lo que está ligado estrechamente con la felicidad.

Estas son las hormonas y los neurotransmisores claves que influyen en ella:

- Serotonina: sus niveles adecuados se asocian con la felicidad; no obstante, niveles bajos pueden conducirnos a estados de depresión y ansiedad.
- Dopamina: cuando realizamos actividades placenteras o alcanzamos metas, su cantidad se incrementa y esto genera sensaciones de satisfacción.

- **Oxitocina:** esta hormona aumenta durante el contacto físico, las interacciones sociales positivas y la formación de vínculos afectivos, lo que promueve una sensación de bienestar.

- **Endorfinas:** su liberación, a través del ejercicio, la risa y el sexo, nos hace sentir euforia y relajamiento.

- **Testosterona:** niveles equilibrados están asociados con una mayor energía y una mejor sensación general; mientras que niveles bajos pueden estar relacionados con la depresión y la fatiga. Cabe precisar que la producción de esta hormona en hombres y mujeres presenta rangos diferentes.

- **Cortisol:** su exceso nos ocasiona inestabilidad emocional, por eso hay que estar atentos para regularlo. Provoca irritabilidad, la sensibilidad está a flor de piel, lo que deviene en conflictos con otras personas o en sentimientos de angustia, tristeza o exaltación.

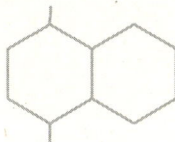

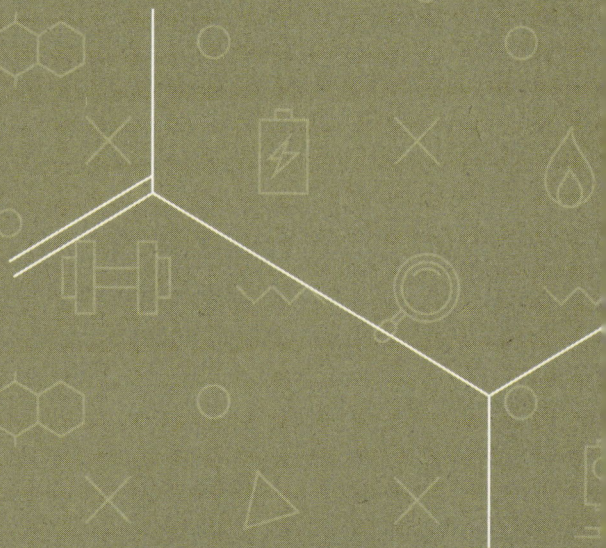

CAPÍTULO

1

TESTOSTERONA: MÁS QUE LA HORMONA DE LA virilidad

¿Qué es la testosterona?

Sabías que en tu cuerpo hay una sustancia química que influye en tu energía, tu estado de ánimo e incluso en cómo percibes el mundo? Se trata de la testosterona, una hormona que no solo define las características físicas masculinas, sino que está presente y cumple importantes funciones en hombres y mujeres. Aunque muchas veces se asocia con músculos y agresividad, su impacto va más allá, pues alcanza aspectos cotidianos como la calidad de tu sueño.

Pese a la creencia popular, la testosterona no es exclusiva de los hombres. Las mujeres también segregan esta hormona mediante los ovarios y las glándulas suprarrenales, pero en pequeñas cantidades.

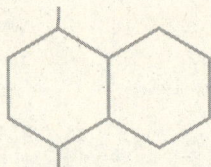

La testosterona es fundamental para varias funciones del cuerpo: ayuda a fortalecer los huesos, reduciendo el riesgo de fracturas a medida que pasa el tiempo; incide en el estado de ánimo, promoviendo una sensación de estabilidad emocional y bienestar; y contribuye a mantener la libido activa.

Por si fuera poco, tanto en hombres como en mujeres afecta la energía, la motivación y hasta la capacidad para enfrentar el estrés diario, demostrando que su impacto es mayor de lo que solemos imaginar.

La testosterona no es exclusiva del cuerpo masculino. En ambos sexos, influye en la energía y motivación que tenemos para realizar nuestras labores cotidianas.

Desde antes de nacer

La testosterona está en nosotros desde que somos concebidos y tiene efectos importantes a lo largo de nuestra vida. Durante el embarazo, entre las semanas 8 y 12 de gestación, el feto masculino comienza a segregar cantidades significativas de esta hormona a través de los testículos en desarrollo. Esto permite la formación de los órganos sexuales en los hombres, como el pene, el escroto y la próstata. Por lo tanto, resulta indispensable para la diferenciación del cuerpo masculino.

En la infancia, las concentraciones de testosterona disminuyen de forma considerable; sin embargo, en la pubertad aumenta su producción, lo que desencadena cambios físicos: en los niños, se incrementa el vello corporal y facial, la voz se vuelve más grave, los genitales aumentan de tamaño y se acrecienta la libido. En las niñas, influye en el crecimiento del vello corporal y favorece el mantenimiento del bienestar general y la salud sexual.

En hombres y mujeres, la testosterona alcanza su punto máximo en la adolescencia y la juventud. Luego, empieza a disminuir lentamente con la edad, sobre todo a partir de los 30 años.

Comportamiento social

La influencia de esta hormona trasciende lo sexual. También se le relaciona con el deseo de lograr estatus y reconocimiento, así como con la competitividad y la disposición de tomar riesgos. Si tus niveles de testosterona son altos, probablemente busques posiciones de liderazgo o tener el control cuando estás en grupo. Y no solo eso, su impacto hará que disfrutes de practicar deportes extremos y ganar en actividades deportivas. Por otro lado, te impulsará a realizar inversiones arriesgadas ligadas al ámbito profesional o interpersonal.

Si bien existe una relación entre la testosterona y la agresión, esta no es tan directa como se piensa. En contextos competitivos o de amenaza, una concentración elevada puede aumentar la tendencia a comportamientos conflictivos. No obstante, factores como la socialización, la personalidad y las normas culturales afectan la forma en la que se expresa esa agresión.

Además, es necesario señalar que la testosterona está ligada al deseo sexual y al impulso de buscar pareja. Cantidades adecuadamente balanceadas en hombres y mujeres pueden aumentar los comportamientos relacionados con la intimidad.

El impulso de la naturaleza

La testosterona no es exclusiva de los seres humanos; de hecho, juega un papel crucial en otras especies animales. Por ejemplo, en los leones los niveles de testosterona están relacionados con su poder y dominio. Los machos con melena más oscura suelen tener más testosterona, lo que no solo les da un aspecto más imponente, sino que los vuelve más atractivos para las hembras e intimidantes para sus rivales.

Para reproducirse, las leonas escogen a los machos que tienen melenas más oscuras y llamativas.

En las aves, esta hormona influye en los cantos de los machos, que son esenciales para atraer pareja o marcar territorio. Durante la temporada de apareamiento, los niveles de testosterona se disparan, haciendo que los machos canten con más fuerza y frecuencia para demostrar que son la mejor opción para reproducirse.

Incluso en algunas especies, los machos con mayor cantidad de testosterona desarrollan colores más vistosos o comportamientos particularmente agresivos para defender su territorio. Esto muestra que también para otros seres vivos esta sustancia química es un motor esencial para la vida y la supervivencia.

¿Cómo se produce?

Por lo general, las mujeres presentan concentraciones mucho más bajas de testosterona que los hombres, las cuales equivalen a la décima o la vigésima parte de la producción de un hombre. Esas cantidades también varían según la edad y otros factores de vida como la alimentación, la actividad física, etc. Producimos esta hormona en diferentes órganos del cuerpo y en respuesta a ciertos estímulos cotidianos.

En los hombres, los testículos son los principales responsables de generarla. Específicamente, las células de Leydig secretan el 90%. Por su parte, las glándulas suprarrenales, ubicadas sobre los riñones, también producen pequeñas cantidades.

En las mujeres, los ovarios y las glándulas suprarrenales son las responsables de segregar testosterona.

Asimismo, es posible producir esta hormona en un laboratorio mediante un proceso de síntesis química, donde se obtiene de manera artificial a partir de compuestos vegetales, como el colesterol extraído de ciertas plantas. De igual modo, existen productos naturales que podrían ayudar a aumentar los niveles de testosterona de forma más indirecta, como algunos suplementos que contienen hierbas (el *tribulus terrestris* o el fenogreco) que se cree que estimulan su producción en el cuerpo.

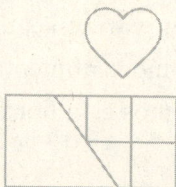

Si bien hombres y mujeres producen testosterona, esto ocurre en órganos distintos y la cantidad difiere bastante.

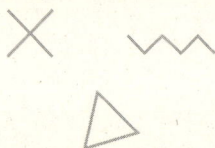

Un poco de historia

En 1935, el bioquímico alemán Adolf Butenandt y el científico croata-suizo Leopold Ruzicka lograron sintetizar la testosterona. Por este motivo, fueron galardonados con el Premio Nobel de Química en 1939. Desde entonces, se realizaron numerosos experimentos para saber cómo afecta no solo el comportamiento social, sino también el desarrollo físico. Por ejemplo, se observó que, cuando se inyectaba esta hormona a los gallos, sus crestas crecían y se volvían más fuertes.

Durante la Segunda Guerra Mundial, el gobierno alemán suministró testosterona a sus soldados para aumentar su agresividad durante el combate. Por su parte, las autoridades rusas extendieron su uso a los deportistas para incrementar su capacidad física y utilizar esto como propaganda en la Guerra Fría.

Se puede producir testosterona en un laboratorio mediante un proceso de síntesis química.

En los últimos años, la dificultad de conseguir niveles de testosterona estables ha dirigido la investigación y a las farmacéuticas hacia la suplementación de esta hormona, de manera exógena, para el tratamiento del hipogonadismo masculino y femenino (incapacidad natural de producir testosterona), ya sea por vía intramuscular, geles, parches o mediante terapia de reemplazo de testosterona (TRT).

A lo largo de la historia, se ha asociado a la testosterona con el rendimiento deportivo.

La testosterona en nuestro cuerpo

Aunque en el cuerpo masculino y femenino la testosterona se produce en órganos distintos, su recorrido comparte los siguientes puntos:

1 La testosterona se genera en los testículos (hombres), ovarios (mujeres) y en las glándulas suprarrenales (ambos).

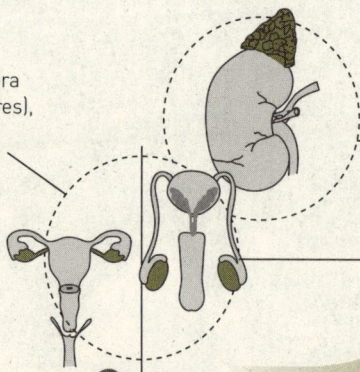

2 Luego, entra en el torrente sanguíneo y se transporta de dos formas:

98% Unida a proteínas

2% De manera libre

3

Llega a los tejidos, como la piel y los folículos pilosos, y se sintetiza en dihidrotestosterona (DHT), que impacta en la salud de la próstata y la caída de cabello.

4

Se une a receptores androgénicos en órganos como los músculos, huesos, piel, cerebro, etc., permitiendo que estos funcionen de manera óptima.

5

Después de ejercer sus efectos, la testosterona se metaboliza principalmente en el hígado.

6

La mayoría se excreta a través de la orina y un porcentaje menor por las heces.

Este ciclo regula los niveles de testosterona en el cuerpo manteniendo el equilibrio hormonal, que afecta tanto la salud física como el comportamiento social y sexual.

49

Efectos en el cuerpo humano

L a testosterona genera respuestas clave en nuestro cuerpo que afectan el desarrollo físico y el equilibrio emocional. Estas respuestas, mediadas por un receptor específico (andrógeno), son vitales para mantener la energía, la vitalidad y la estabilidad emocional en ambos sexos.

Su papel en procesos físicos y mentales la convierte en un pilar esencial para el bienestar general, por lo que resulta evidente la importancia de mantener sus niveles en balance. La testosterona estimula a las personas de formas distintas. Si las concentraciones son muy bajas o altas, las respuestas serán negativas. Por el contrario, si están equilibradas, los efectos en nuestro cuerpo serán positivos. Veamos cuáles son.

RESPUESTAS POSITIVAS

Mejora la densidad ósea y reduce el riesgo de fracturas y osteoporosis.

Favorece la fuerza y el desarrollo muscular al estimular la síntesis de proteínas.

Reduce el riesgo de obesidad y diabetes tipo 2 al regular el metabolismo de grasas y azúcares.

Contribuye a reducir el riesgo de depresión, ansiedad y cambios de humor.

Favorece niveles adecuados de energía y disminuye la fatiga crónica.

Mejora la capacidad de concentración, memoria y agilidad mental.

Mantiene el deseo y mejora la función sexual.

RESPUESTAS POSITIVAS

Puede reducir los riesgos cardiovasculares al influir en el mantenimiento de niveles normales de colesterol y presión arterial.

Modula respuestas inmunitarias para evitar inflamaciones crónicas o problemas autoinmunes.

Estimula el crecimiento capilar en los hombres y contribuye a la elasticidad y firmeza de la piel.

Mejora la producción de glóbulos rojos, lo que incrementa la oxigenación en el cuerpo.

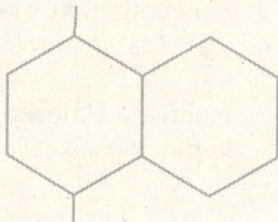

RESPUESTAS NEGATIVAS

Pérdida de masa muscular, fragilidad ósea, acumulación de grasa corporal, caída del cabello, acné y piel grasa.

Mayor riesgo de diabetes, problemas cardiovasculares e hipertensión.

Disminución de la libido, disfunción sexual, alteraciones menstruales y reducción de la fertilidad.

Irritabilidad, agresividad, depresión, ansiedad y fatiga crónica.

Dificultades de concentración, memoria y claridad mental.

Sequedad, crecimiento excesivo de vello (hirsutismo) y masculinización en mujeres.

Mayor susceptibilidad a infecciones de tipo inmunológico.

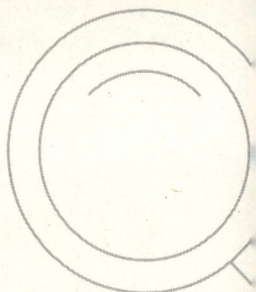

Un caso para analizar

Saúl es un diseñador gráfico que vivía con su novia, Inés, y su perro, Argos. A sus 30 años, todos los días se trasladaba en bicicleta al trabajo. Pedalear hasta la oficina le producía felicidad y lo cargaba de energía. Sin embargo, una mañana un auto invadió la ciclovía por la que él iba y lo embistió. A raíz del accidente, Saúl sufrió la fractura del brazo derecho y de la pierna izquierda, por lo que estuvo inmovilizado durante cuatro meses. Para recuperar masa muscular, el traumatólogo le recomendó ir al gimnasio.

Saúl se animó a seguir esta indicación, pero sus entrenamientos le generaban un debate interior. Por un lado, temía que sus lesiones recrudecieran cada vez que levantaba una mancuerna. Por otro, estaba su eterno anhelo de tener un cuerpo grande y definido. Empezó a esforzarse más y más, pero sentía que su evolución era lenta. Cansado de esta situación, decidió usar esteroides anabólicos por recomendación de un compañero del gimnasio, quien le había asegurado que así lograría sus objetivos en poco tiempo.

Con las primeras inyecciones no sintió ningún cambio. No obstante, en cuestión de días, comenzó a notar los efectos: sus músculos crecían más rápido y su fuerza aumentaba. Era como si la testosterona no solo inflara su cuerpo, sino también su ego.

Con el tiempo, las pequeñas dosis ya no parecían suficientes. Saúl creía que estaba cerca de alcanzar su mejor versión, por lo que las inyecciones se volvieron rutina.

Por desgracia, pronto su salud empezó a deteriorarse. Los dolores de cabeza se hicieron constantes, los cambios de humor se volvieron incontrolables y la piel comenzó a mostrar signos de acné severo. En las noches, era víctima del insomnio, y la relación con su novia se tornaba cada vez más tensa.

Una mañana se desmayó. Lo encontraron inconsciente en el vestidor del gimnasio. Cuando lo llevaron al hospital, los médicos confirmaron que su hígado estaba al borde del colapso y que su colesterol estaba peligrosamente alto. La testosterona sintética había alterado por completo su sistema.

Al darse cuenta de los riesgos, Saúl se arrepintió de haber usado esteroides. Ahora, debía enfrentar las consecuencias físicas y psicológicas de su adicción. Le esperaba un largo camino de recuperación.

Tu especialista de cabecera dice

CAROLE HOOVEN

Es profesora y codirectora de estudios universitarios en el Departamento de Biología Evolutiva Humana de la Universidad de Harvard. Es autora del libro *Testosterona*, donde indica que:

« La testosterona construye músculo, los hombres tienen más de ella, y les da una fuerte ventaja sobre las mujeres en los deportes ».

LEE GETTLER

Es antropólogo y se desempeña como director del Laboratorio de Hormonas, Salud y Comportamiento Humano de la Universidad de Notre Dame (Estados Unidos). Como experto en biología humana, biología de la paternidad y los sistemas familiares, afirma:

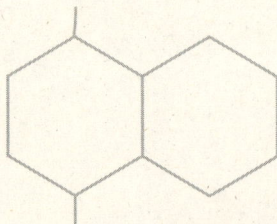

« Los nuevos papás con recién nacidos tienen caídas muy significativas en su testosterona. Nuestros hallazgos sugieren que esta disminución se da, especialmente, en los padres que más se involucran en el cuidado infantil ».

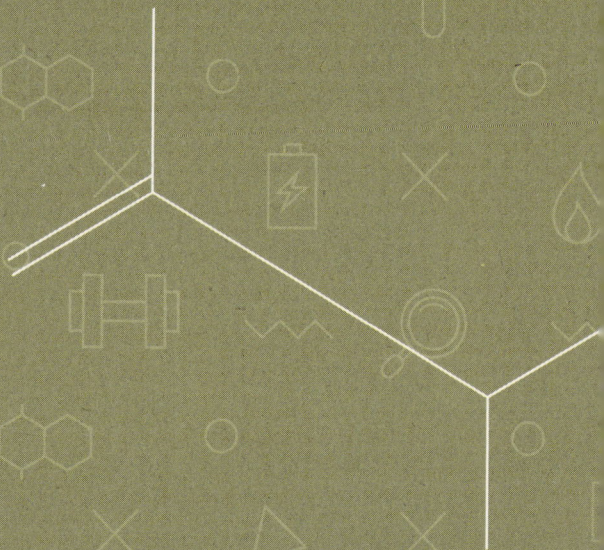

NUESTRA

fuerza

PARA VIVIR

¿Cuándo liberamos testosterona?

La liberación de testosterona en el cuerpo ocurre en respuesta a diversas situaciones que exigen adaptación física o emocional. Por ejemplo, durante el ejercicio físico —en particular cuando se levantan pesas o se practican deportes de alta intensidad—, el cuerpo masculino incrementa la segregación de testosterona, lo cual puede fortalecer los músculos y favorecer la recuperación.

Asimismo, puede incrementarse en momentos de competencia, al participar en un partido de futbol o incluso durante una discusión intensa, como parte de un mecanismo biológico que prepara al organismo para enfrentar desafíos. De manera similar, momentos de estrés o enfrentamientos sociales pueden provocar un aumento temporal de testosterona, especialmente si están vinculados a la necesidad de defender un estatus o resolver conflictos.

En ambos sexos, la testosterona también se libera en contextos relacionados con la reproducción, como durante el cortejo o en interacciones románticas, para reforzar conductas asociadas con el apareamiento.

Cuestión de emociones

Los efectos emocionales de esta hormona son similares para ambos sexos, pero su intensidad puede variar debido a las diferencias en los niveles básicos entre mujeres y hombres. La testosterona está relacionada con nuestra felicidad de manera indirecta, ya que cantidades adecuadas se asocian con un aumento en la confianza y la motivación. De esta manera, nos da equilibrio emocional y mayor seguridad.

Tener la testosterona balanceada contribuye a nuestra felicidad.

Además, nos ayuda a manejar situaciones de estrés de manera más eficiente, mejora la asertividad, la capacidad de resiliencia y la calidad de sueño. La suma de estos factores nos brinda una sensación de calma y armonía.

La sexualidad: elemento clave del bienestar

Los beneficios de una noche de pasión con tu pareja van más allá del placer y se relacionan directamente con tu salud física y emocional. Considerando que la sexualidad es un elemento indispensable de la personalidad, su desarrollo pleno contribuye a la consecución de necesidades básicas como el deseo de cercanía, intimidad y afecto.

Por su relación directa con la libido, la testosterona influye en una vida sexual activa y gratificante, que fortalece las relaciones íntimas y permite una mayor conexión emocional, lo que puede ser un factor importante para la felicidad. En los hombres, niveles adecuados de esta hormona favorecen la libido, la función eréctil y la producción de esperma. En las mujeres, la testosterona también impacta en el deseo

sexual, la lubricación y la sensibilidad, lo que ayuda al disfrute y bienestar en las relaciones íntimas. Incluso, estudios apuntan a que la testosterona aumenta en las mujeres después del sexo.

Por eso, mantener niveles óptimos de testosterona fomenta una mejor autoestima, relaciones más sanas y una mayor satisfacción personal. Ejerce un rol importante para la salud integral y el bienestar general.

La testosterona impacta de manera directa
en nuestra respuesta sexual.

Relaciones químicas

L a testosterona no actúa de manera aislada, su producción y efectos son regulados con otras hormonas y neurotransmisores que influyen en nuestro metabolismo.

Oxitocina

Se ha demostrado que la testosterona inhibe la producción de oxitocina en el cerebro. Por ello, las mujeres podrían ser más cariñosas que los hombres, pues estos suelen tener mayor cantidad de esta hormona. Además, en cuanto a la confianza, actúan de forma inversa. La oxitocina nos lleva a ser más cautelosos, mientras que la testosterona nos impulsa a arriesgar un poco más.

Dopamina

Este neurotransmisor, tanto en hombres como en mujeres, influye en la liberación de testosterona, lo que aumenta el deseo sexual y la libido.

Estrógeno

La testosterona se convierte en estrógeno mediante una enzima llamada *aromatasa*. Aunque los estrógenos están más asociados con las mujeres, los hombres también necesitan pequeñas cantidades de esta molécula para regular funciones como la salud ósea y cardiovascular. En las mujeres, la relación entre testosterona y estrógeno es fundamental para la regulación hormonal del ciclo menstrual, especialmente durante la ovulación.

Cortisol

Existe una relación inversa entre el cortisol y la testosterona. Cuando los niveles de cortisol son altos debido al estrés crónico, la cantidad de testosterona puede disminuir, lo que afecta la libido, la energía y el estado de ánimo.

Reconocimiento de sus efectos

Si bien la testosterona impacta en muchos aspectos de nuestra salud, existen dos ámbitos con los que se le asocia tradicionalmente: la respuesta sexual y el desarrollo de masa muscular. Veamos cómo actúa en estos procesos.

LA RESPUESTA SEXUAL

1

La testosterona aumenta el deseo sexual.

2

Actúa en regiones del cerebro, como el hipotálamo, que regulan el apetito sexual.

3

Potencia la libido en hombres y mujeres, promoviendo mayor interés y actividad sexual.

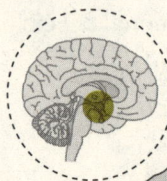

La testosterona dilata los vasos sanguíneos favoreciendo el flujo de la sangre hacia los genitales. Esto permite una respuesta eréctil adecuada en hombres y aumenta la sensibilidad en mujeres.

DESARROLLO E INCREMENTO DE LA MASA MUSCULAR

1

La testosterona se une a los receptores androgénicos en las células musculares.

2

Se activan procesos genéticos que aumentan la producción de proteínas esenciales para reparar y construir tejido muscular.

3

Gracias a la mayor disponibilidad de proteínas, las fibras musculares se hipertrofian, es decir, crecen en tamaño, lo que mejora la fuerza y el rendimiento físico.

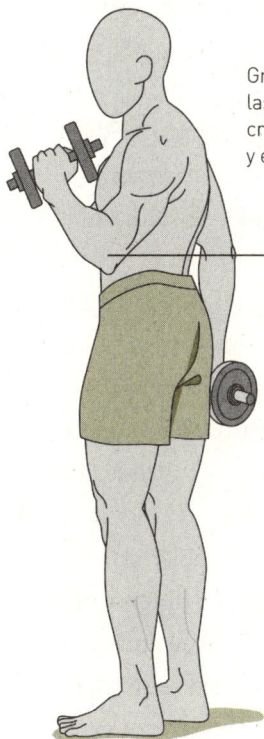

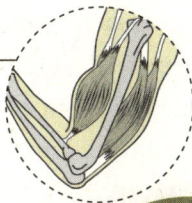

Además, la testosterona inhibe la acción del cortisol, una hormona catabólica que degrada el músculo.

Un caso para analizar

Laura y Alejandro habían cumplido dos meses de feliz convivencia. Todo iba bien hasta que un sábado, día en que ambos hacían limpieza profunda de su departamento, él le mostró a Laura varios mechones de cabello que había acumulado al terminar de barrer. No era la primera vez que Alejandro los encontraba regados en el piso de la cocina, el dormitorio, la sala y el baño, así que le sugirió a Laura que hablara con un médico.

Todo había comenzado de forma casi imperceptible. Un día, Laura notó que su coleta se sentía más delgada de lo habitual, pero lo atribuyó al estrés de su trabajo como periodista en un canal de televisión. No era raro que pasara semanas enteras redactando notas, durmiendo poco y con una dieta irregular. A medida que los días pasaban, la situación empeoró: las paredes de la ducha empezaron a cubrirse con mechones de su cabello lacio y oscuro.

Después de semanas ignorando su problema, Laura decidió visitar a un dermatólogo. El diagnóstico inesperado: alopecia androgénica. El especialista le explicó que, aunque esta condición es más común en hombres, también puede afectar a las mujeres y, en su caso, la dihidrotestosterona (DHT), un componente de la testosterona que afecta directamente el crecimiento del cabello, era el responsable.

Para reducir la presencia de DHT, Laura debía iniciar un tratamiento, ya que el impacto de esta hormona reduce el ciclo vital del cabello, su grosor y calidad. Además, para ella no se trataba solo de perder cabello, sino una parte de su identidad. Transcurrieron meses antes de notar una mejoría y, aun así, el cabello que volvía a crecer no era tan grueso ni fuerte como antes. Finalmente, tuvo que raparse.

Más allá de los tratamientos, el mayor reto de Laura fue aceptar su nueva realidad. Con el tiempo, se animó a compartir su historia en redes sociales, lo que le permitió conectar con otras mujeres que también enfrentaban esta condición. En lugar de esconderse, había decidido visibilizar su lucha. Y, en ese proceso, siempre contó con Alejandro, que incluso se rapó para mostrarle su apoyo.

«Ese *look* te queda genial», «Tienes un aire a Bruce Willis», fueron los comentarios positivos que recibió una vez que publicó una foto con su nueva apariencia. Había aceptado que su cabello nunca sería el mismo; pero su confianza y determinación habían crecido de formas que jamás imaginó. Descubrió una nueva forma de belleza, una que no dependía de su melena, sino de su fortaleza interior.

Tu especialista de cabecera dice

MARIAN ROJAS ESTAPÉ

Es una psiquiatra, escritora y conferencista española, reconocida por su labor en la divulgación de temas relacionados con el bienestar emocional. Entre sus publicaciones figuran *Cómo hacer que te pasen cosas buenas*, *Encuentra tu persona vitamina* y *Recupera tu mente, reconquista tu vida*. Con respecto a la testosterona, señala:

"Las mujeres son más tendentes al sentimentalismo y los hombres tienden a ser "agresivos" cuando suben sus niveles de testosterona".

CARLOS DE TERESA

Es especialista en medicina deportiva y miembro de la Fundación Española del Corazón (FEC). Actualmente, se desempeña como asesor médico en el Centro Andaluz de Medicina del Deporte de la Junta de Andalucía y es docente del Departamento de Fisiología de la Universidad de Granada. Sobre esta hormona comenta:

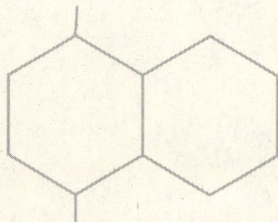

"Los niveles de testosterona segregados de manera fisiológica en los testículos y ovarios, es decir de testosterona endógena, se ven reducidos progresivamente a partir de los 40 años debido al proceso de envejecimiento, contribuyendo a la aparición progresiva de síntomas que comienzan por reducción del vigor y fuerza muscular; posteriormente, disminución de las erecciones matutinas, y, finalmente, disfunción eréctil y pérdida del deseo sexual"

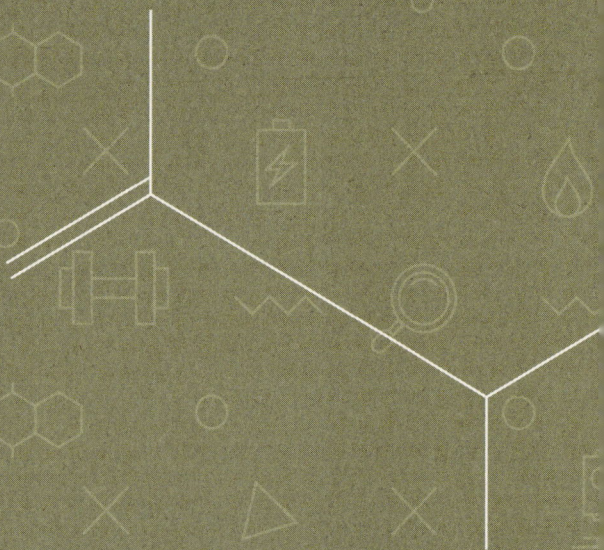

CAPÍTULO

3

CUANDO LAS alertas SE DISPARAN

Cuestiones de cálculo

Ya sabemos que la testosterona es indispensable para el correcto funcionamiento de nuestro cuerpo. Como sucede con otras hormonas, las cantidades que producimos van a determinar que tenga un impacto positivo o que resulte perjudicial.

En caso de que desees determinar si tus niveles de testosterona son regulares o irregulares, se debe evaluar tu historial médico. Es posible analizar tres formas de testosterona: la testosterona libre (la que no está unida a proteínas y está disponible para ser usada por el cuerpo), la testosterona biodisponible (representa la testosterona libre y la que está unida débilmente a la albúmina, principal proteína del suero) y la testosterona total (incluye la testosterona libre y la unida a proteínas).

Por otro lado, existen varias formas de medir la cantidad de testosterona en el cuerpo, principalmente a través de pruebas de laboratorio. Su elección dependerá de los síntomas, el contexto clínico y las recomendaciones del endocrinólogo. Asimismo, recuerda que es importante compartir los resultados de este tipo de análisis con un médico. Las pruebas más comunes para medir la testosterona son:

- **Prueba de sangre:** mide nuestra testosterona total, la testosterona libre y la testosterona biodisponible. Consiste en extraer una muestra de sangre de una vena y es considerada la forma más precisa de medir los niveles de esta hormona en nuestro organismo; por ello, es la más utilizada. Generalmente, se realiza en las primeras horas de la mañana, cuando la concentración de testosterona es más alta.

- **Prueba de saliva:** mide la testosterona libre y se utiliza para observar la cantidad disponible en nuestros tejidos. Aunque es menos común que la prueba de sangre, algunos estudios sugieren que es útil para evaluar los niveles hormonales durante el día.

- **Prueba de orina:** se aplica para saber cómo metabolizamos la testosterona. Analiza los metabolitos, lo cual nos otorga más pistas sobre la forma en que se procesa esta hormona en el cuerpo y qué otros factores influyen en su descomposición. Esto ayuda a entender mejor las rutas que sigue la testosterona y cómo ciertos elementos pueden afectar el metabolismo.

Rangos normales

La cantidad de testosterona en el cuerpo humano varía según la edad, el sexo, diversas condiciones de salud y, en algunos casos, también es afectada por el consumo de suplementos.

En los hombres, el rango normal es, aproximadamente, de 300 a 1 000 nanogramos por decilitro (ng/dL) de sangre. Las fluctuaciones normales suelen ser más altas por la mañana y tienden a disminuir con la edad (a partir de los 30 o 40 años).

Por su parte, en las mujeres el rango normal es de, aproximadamente, 15 a 70 ng/dL de sangre. Las fluctuaciones normales también disminuyen con la edad, especialmente después de la menopausia.

Factores de desequilibrio

Los niveles de testosterona varían según diversos aspectos. Tanto las concentraciones bajas como las altas dependen de las condiciones de salud, estilo de vida y genética, así como de otros factores hormonales de las personas.

Factores que causan niveles bajos de testosterona:

- **Envejecimiento:** la testosterona disminuye naturalmente, tanto en hombres como en mujeres.
- **Obesidad y sedentarismo:** el exceso de grasa corporal, sobre todo en la zona abdominal, convierte a la testosterona en estrógeno. La falta de ejercicio también afecta los niveles hormonales.
- **Estrés crónico:** aumenta la concentración de cortisol, una hormona capaz de inhibir la producción de testosterona.
- **Falta de sueño:** la privación de sueño puede disminuir significativamente la producción de testosterona.
- **Hipogonadismo:** sucede cuando los testículos producen poca o ninguna testosterona. Sus síntomas son esterilidad, disfunción eréctil, agrandamiento de senos, disminución del crecimiento de vello en cara y cuerpo, pérdida de masa muscular, además de irritabilidad y depresión.
- **Consumo excesivo de alcohol o drogas:** el abuso del alcohol, en particular, puede incidir negativamente en el eje hipotálamo-hipófisis-testículos.

● **Enfermedades crónicas:** problemas con la tiroides, diabetes tipo 2, enfermedades renales y hepáticas o apnea del sueño.

Factores que causan niveles altos de testosterona:

● **Esteroides anabólicos:** utilizados a menudo por deportistas, de manera errada, causan un aumento no natural de las cantidades de testosterona, provocando efectos secundarios adversos como infertilidad o problemas cardiacos y hepáticos.

● **Resistencia a la insulina:** esta condición puede estar asociada con concentraciones elevadas de testosterona, sobre todo en los hombres.

● **Síndrome de ovario poliquístico (SOP):** en las mujeres, conduce a síntomas como la aparición de vello facial, acné, alteraciones menstruales e infertilidad.

● **Tumores en las glándulas suprarrenales o testículos:** sus síntomas, tanto en hombres como en mujeres, son el aumento del vello corporal, acné severo y agresividad.

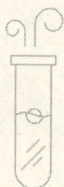

Cuando llega el desbalance

Ya sea por la falta o por el exceso de testosterona, la ruptura de nuestro equilibrio hormonal puede afectarnos de múltiples formas.

NIVELES BAJOS EN HOMBRES

Causa disfunción eréctil y baja libido.

....

Reduce la masa muscular y la fuerza, y aumenta la fatiga.

....

Incrementa la grasa corporal.

....

Disminuye la densidad ósea.

....

Genera depresión, falta de energía y problemas de concentración.

....

Reduce el vello facial y corporal, agudiza la voz y aminora el volumen testicular.

NIVELES BAJOS EN MUJERES

Causa fatiga y falta de energía.

Disminuye la libido.

Reduce la masa muscular y la fuerza.

Aumenta la grasa corporal.

Genera problemas cognitivos y de concentración, bajo estado de ánimo, poca motivación y depresión.

NIVELES ALTOS EN HOMBRES

Aumenta la agresividad, impulsividad e irritabilidad.

Causa acné y piel grasa.

Contribuye a la calvicie (alopecia androgénica).

Puede generar problemas de fertilidad.

Aumenta el riesgo de hipertensión, infartos y otras afecciones cardiacas.

NIVELES ALTOS EN MUJERES

Causa características masculinas: crecimiento excesivo de vello facial y corporal, agravamiento de la voz y acné severo.

Genera pérdida de cabello.

Ocasiona problemas menstruales: ausencia de periodos (amenorrea) e infertilidad.

Aumenta la agresividad e irritabilidad.

Test: ¿Testosterona en equilibrio?

Esta prueba está diseñada para que sondees los los niveles de testosterona en tu organismo. Muchas veces, el día a día nos lleva a desenfocarnos y a perder un poco la perspectiva de qué acciones o rutinas nos benefician o nos perjudican.

Buscar nuestro bienestar no siempre es un camino de una sola vía. Es, más bien, una autopista con más de una alternativa. Responde con sinceridad y recuerda que no es un diagnóstico médico ni sustituye una evaluación profesional, pero puede darnos indicios útiles para identificar algún desequilibrio.

Con los resultados de esta evaluación, podrás tomar conciencia y detenerte a pensar qué aspectos deberías modificar para estar en equilibrio. Asimismo, tener una mirada en profundidad de nuestras carencias, necesidades o excesos nos ayudará a gestionar mejor nuestras emociones, comportamientos y a manejar de una manera más adecuada nuestra vida diaria.

1. ¿Has notado un aumento significativo en tu irritabilidad o cambios bruscos de humor?

☐ Sí   ☐ A veces   ☐ No

2. ¿Te sientes cansado o fatigado la mayor parte del tiempo, incluso después de dormir bien?

☐ Sí   ☐ A veces   ☐ No

3. ¿Recientemente has experimentado un descenso en tu deseo sexual?

☐ Sí   ☐ Tal vez   ☐ No

4. ¿Has notado un aumento de grasa corporal sin haber cambiado tu dieta o rutina de ejercicios?

☐ Sí   ☐ Tal vez   ☐ No

5. ¿Te ha resultado más difícil desarrollar o mantener masa muscular en comparación con el pasado?

☐ Sí   ☐ Tal vez   ☐ No

6. ¿Has tenido dificultades con tus erecciones (hombres) o alteraciones en tu ciclo menstrual (mujeres)?

☐ Sí ☐ A veces ☐ No

7. ¿Tienes dificultades para concentrarte o recuerdas las cosas con mayor dificultad que antes?

☐ Sí ☐ A veces ☐ No

8. ¿Has notado un crecimiento inusual de vello corporal o facial (mujeres) o pérdida significativa de cabello (hombres)?

☐ Sí ☐ Tal vez ☐ No

9. ¿Te sientes más ansioso o nervioso de lo habitual sin una razón clara?

☐ Sí　　☐ A veces　　☐ No

10. ¿Tu energía fluctúa bruscamente a lo largo del día?

☐ Sí　　☐ A veces　　☐ No

Has llegado al final. Esperamos que este test te haya ayudado a analizar tu día a día. ¿Listo para ver los resultados?

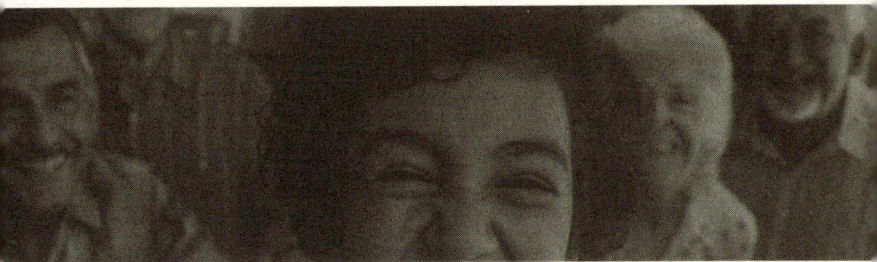

Resultados

Si has respondido «Sí» a menos de 3 preguntas, tus síntomas podrían estar relacionados con otros factores. No obstante, si te preocupan, también es buena idea consultar con un profesional de la salud.

Si has respondido «Sí» a 3 o 5 preguntas, podrías estar experimentando un desbalance en tus niveles de testosterona. Sería recomendable que hables con un médico o especialista para realizarte pruebas hormonales y obtener un diagnóstico adecuado.

Si has respondido «Sí» a 6 o más preguntas, es posible que tengas una alteración más pronunciada en tus niveles de testosterona. Un endocrinólogo te ayudará a determinar si estás ante una deficiencia o exceso de esta hormona y qué pasos debes seguir para corregirlo.

Un caso para analizar

Alicia tenía 16 años cuando comenzó a notar cambios en su cuerpo que la hicieron sentir diferente de sus compañeras del colegio. Mientras ellas hablaban de que tenían acné o que les crecían los senos, Alicia lidiaba con algo más profundo. Sus músculos se marcaban de manera inusual, el vello facial comenzaba a aparecer y, lo más inquietante, su ciclo menstrual se tornaba cada vez más irregular hasta desaparecer por completo.

En casa, al principio, su madre y ella atribuyeron todo al estrés por las horas que pasaba entrenando con el equipo de vóleibol. Sin embargo, tras una visita médica, le diagnosticaron hiperandrogenismo, una condición por la cual su cuerpo producía cantidades anormalmente altas de testosterona.

Alicia no entendía por completo lo que aquello significaba. ¿Por qué su cuerpo estaba produciendo testosterona como si fuera un chico? ¿Había algo en ella que estaba mal? El médico le explicó que la condición podía deberse a múltiples causas, desde el síndrome de ovario poliquístico (SOP) hasta problemas glandulares más complejos.

Se sentía confundida y preocupada. Las preguntas la atormentaban. Solo quería saber si eso explicaba los cambios que había estado observando, las miradas que sentía sobre ella en los vestidores del colegio o la incomodidad creciente con su propio cuerpo. Lo peor, pensaba, era el miedo constante de no ser «normal».

El tratamiento hormonal equilibró la testosterona en su organismo y los cambios físicos comenzaron a controlarse. Aun así, la verdadera lucha era mental, pues no era sencillo aceptar su cuerpo en un entorno que impone estándares de feminidad lejanos a ella.

El tiempo pasó y Alicia, apoyada por su familia y amigos, comenzó un camino lento pero firme hacia la autoaceptación. El vóleibol seguía siendo su escape, ya que su fuerza física no era cuestionada, sino celebrada. Además, dejó de lado su sueño adolescente de ser veterinaria y decidió estudiar biología, porque deseaba aprender más sobre los cuerpos y las hormonas, y convertir su experiencia en una herramienta para ayudar a otros.

Ahora, a los 18 años, sigue lidiando con los desafíos que trae su condición, pero lo hace desde un lugar de mayor aceptación. La adolescente, que una vez se sintió atrapada por su testosterona, ha encontrado fuerza en su singularidad y ha entendido que, más allá de cualquier diagnóstico, su valor no está en una hormona, sino en cómo elige enfrentar su vida.

Tu especialista de cabecera dice

DAVID JP PHILLIPS

Es un emprendedor sueco que ha dedicado gran parte de su carrera a estudiar por medio de la neurociencia cómo la biología afecta la forma en que los seres humanos reciben y procesan información. En *Las 6 hormonas que van a revolucionar tu vida* señala lo siguiente:

Al doctor Robert Sapolsky le gusta decir que el principal efecto de la testosterona es la amplificación. La testosterona amplifica las herramientas que ya usas para mejorar tu estatus. [...] Una de las posibles herramientas para mejorar el estatus es la violencia y, en ese sentido, la testosterona sí que puede aumentar tu agresividad.
Sin embargo, si la herramienta que decides emplear para mejorar tu estatus es la generosidad, la testosterona amplificará ese comportamiento

ANTONIO HERNÁNDEZ ARMENTEROS

Es médico y especialista en Medicina Estética y Antienvejecimiento. Se le considera un importante divulgador de contenidos médicos en seminarios y en redes sociales. En su libro *Testosterona. La hormona de la vida*, explica:

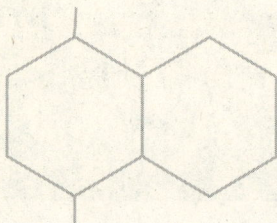

"Es importante saber que la libido, la calidad de los orgasmos y todo lo relativo a la esfera sexual depende de la testosterona solo en parte. Los niveles de inflamación, de estrógeno, cortisol, DHEA, la calidad del sueño o el contexto emocional en el cual se encuentra la persona son iguales o más importantes que la propia testosterona"

4

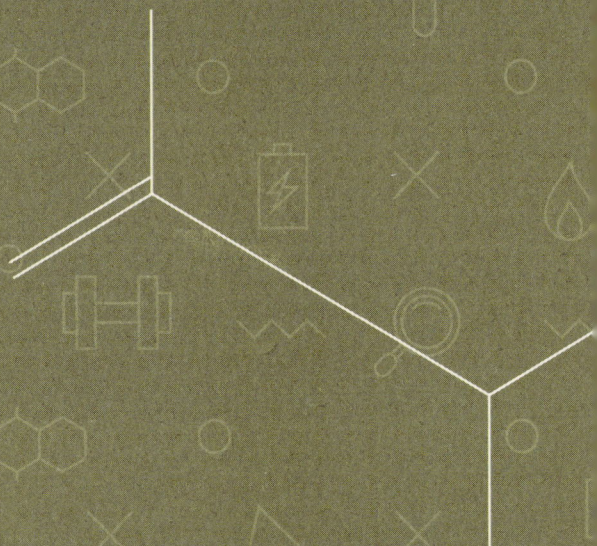

EQUILIBRIO Y
bienestar

Testosterona en balance

Una cantidad adecuada de esta hormona es crucial para estar saludables física y psicológicamente. Con esta finalidad, es necesario implementar una serie de cambios progresivos en nuestras rutinas, de modo que podamos construir hábitos beneficiosos para preservar nuestra felicidad a largo plazo.

La clave está en la prevención

Debemos adoptar algunas prácticas fundamentales y muy puntuales para tener una buena salud y, en especial, mantener nuestra testosterona a raya. Para llevar la vida que queremos, es prioritario contar con un plan de acción. Por ejemplo, es importante evitar toxinas ambientales, razón por la cual debemos reducir nuestra exposición a plásticos, pesticidas y ciertos productos de higiene (jabones con ftalatos, parabenos o triclosán), usar productos naturales para la piel

y consumir en la medida de lo posible alimentos or-
gánicos, ya que todo esto nos ayudará a alcanzar un
equilibrio hormonal.

Una alimentación saludable es beneficiosa
para la producción de testosterona
en cantidades adecuadas y, en general,
para nuestro equilibrio hormonal.

Asimismo, es recomendable acudir a un especialista en endocrinología para una evaluación completa si hay sospechas de un desbalance hormonal. El médico puede recomendar pruebas de sangre para verificar los niveles de testosterona, así como de otras hormonas, y en casos específicos se optará por la terapia de reemplazo hormonal (TRH) u otros tratamientos.

También se debe pasar por exámenes ginecológicos anuales, en el caso de las mujeres, y andrológicos, en el caso de los hombres.

Nuestro cuerpo nos alerta cuando algo no anda bien. Presta atención a cualquier síntoma y visita al médico para que aclare tus dudas.

¿Cómo generar testosterona?

Las cantidades de testosterona que deben mantenerse y que son fundamentales para nuestro bienestar se generan de dos formas: natural y artificialmente. Cada una tiene distintos alcances y efectos.

Mater natura

A veces el equilibrio está en nuestras manos. Es posible contar con niveles saludables de testosterona modificando nuestro estilo de vida. Algunas acciones que podemos tomar en cuenta son:

● Ejercicios de fuerza: principalmente en varones, los entrenamientos de alta intensidad, sobre todo los que implican grandes grupos musculares (como sentadillas o peso muerto), estimulan la producción de testosterona. De igual modo, el levantamiento de pesas resulta beneficioso para obtener concentraciones más altas.

- **Ejercicio cardiovascular:** aunque su efecto no es tan directo como el del levantamiento de pesas, hacer cardio puede servir para mejorar los niveles hormonales y reducir el exceso de grasa corporal, lo cual también influye en la testosterona.
- **Dieta y nutrición:** una dieta balanceada, mediante el consumo adecuado de proteínas, grasas saludables y carbohidratos, es relevante para reducir el peso corporal. El aguacate, aceite de oliva, nueces y pescados grasos son esenciales para que la testosterona esté en equilibrio.
- **Sexo regular:** tener relaciones sexuales frecuentes, así como comportamientos relacionados con la intimidad, impactan de manera positiva.
- **Sueño de calidad:** la mayor parte de la producción de testosterona ocurre durante el sueño.

El HIIT (entrenamientos de intervalos de alta intensidad) puede reducir la testosterona en mujeres, mientras que, en hombres, puede elevarla.

Por eso, debemos dormir entre siete y nueve horas por noche, de manera profunda y sin interrupciones.

● Reducción del estrés: determinadas técnicas de manejo del estrés, como la meditación, el yoga, la respiración profunda o el *mindfulness*, pueden ayudar a mantener el cortisol bajo control y, por lo tanto, favorecer la producción de testosterona.

● Hierbas adaptógenas y suplementos: el consumo de la ashwagandha y el Tongkat ali, al igual que el *tribulus terrestris* o el ácido D-aspártico, se ha asociado con mejoras en la testosterona, pero siempre deben ser tomados bajo supervisión médica.

Los ejercicios de fuerza incrementan la producción de testosterona en varones. En cambio, en las mujeres, no tienen el mismo impacto.

Cuestiones médicas

Para alcanzar niveles equilibrados de testosterona, también es posible recurrir a productos de laboratorio. No obstante, esto solo se hace con prescripción médica, ya que, si bien pueden ser efectivos para mejorar la calidad de vida de personas con deficiencia hormonal, u otros casos muy específicos, suelen ocasionar efectos secundarios, como problemas cardiovasculares, acné, apnea del sueño o disminución de la producción natural de testosterona y esperma (en hombres). Algunos de estos métodos son:

- Suplementos a base de vitamina D y zinc: la vitamina D se prescribe a personas que no tienen suficiente exposición solar o tienen poca ingesta de esta vitamina. El zinc es esencial para la conversión de colesterol en testosterona y para la función normal de las glándulas sexuales.
- Terapia de reemplazo de testosterona (TRT): en casos extremos, como hipogonadismo, los médicos prescriben testosterona sintética para regresar a un estado de balance. Esto incluye

la aplicación de geles o cremas tópicas, parches transdérmicos, inyecciones intramusculares e implantes subcutáneos.

- Clomifeno: medicamento que se usa a menudo para tratar la infertilidad masculina, como también para producir testosterona en los testículos. Se administra en forma de píldoras.

- Esteroides anabólicos: son alternativas sintéticas a la testosterona que se usan para aumentar rápidamente la masa muscular y mejorar el rendimiento. Algunos médicos los prescriben a personas que padecen cáncer, VIH/SIDA y otras enfermedades crónicas que provocan una pérdida significativa de masa muscular, aunque cada vez con menos frecuencia debido a la disponibilidad de otros tratamientos.

Testosterona sana: la fuerza tras la acción

Cuando nos encontramos frente a un desafío o una actividad competitiva, la testosterona actúa en nuestro cuerpo de la siguiente manera:

1

El individuo percibe un reto o situación competitiva (por ejemplo, un deporte, una discusión o un examen).

2

El cerebro interpreta la situación y activa la amígdala (gestión emocional y de amenazas). Se envían señales al hipotálamo (centro regulador del sistema endocrino).

3

El hipotálamo secreta la hormona liberadora de gonadotropinas (GnRH), y estas estimulan la hipófisis anterior para liberar la hormona luteinizante (LH).

4

La LH estimula los testículos en (hombres) y ovarios (mujeres) para que produzcan testosterona.

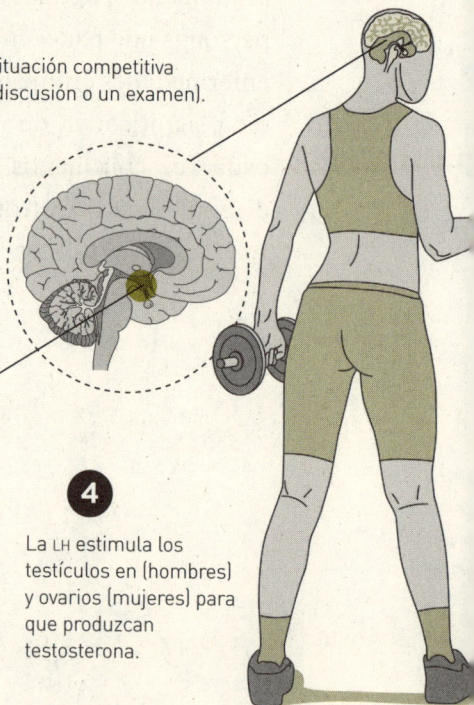

5

La testosterona circula
por el cuerpo y llega
a diferentes tejidos.

A nivel cerebral, mejora la confianza,
motivación y actitud competitiva.
Además, reduce el miedo y promueve
la toma de riesgos calculados.

A nivel muscular, aumenta
la fuerza y resistencia física.

A nivel metabólico, incrementa
la disponibilidad de energía al
movilizar ácidos grasos.

6

El individuo está física y
mentalmente preparado
para afrontar el desafío.

7

Un desempeño exitoso
puede aumentar
los niveles de testosterona
(retroalimentación positiva).

Test: Experto en testosterona

Cuanto más conocemos de la testosterona, tenemos más herramientas para reflexionar sobre su impacto en nuestro organismo y bienestar emocional. Por ese motivo, hemos elaborado este test para medir lo que has aprendido. ¿Empezamos?

1.
¿Qué es
la testosterona?

a. Una hormona.

b. Un neurotransmisor.

c. Una vitamina.

2.
¿En qué
órganos
se produce
mayormente
la testosterona
en los hombres?

a. Páncreas.

b. Testículos.

c. Hígado.

3.

¿Qué rol desempeña la testosterona en el cuerpo masculino?

a. Producción de insulina.

b. Regulación del ciclo circadiano.

c. Desarrollo de los caracteres sexuales secundarios.

4.

¿Cuándo se produce la mayor cantidad de testosterona?

a. Durante el sueño.

b. En contextos de calma.

c. Después de una comida alta en calorías.

5.

¿Cuál de las siguientes alternativas puede reducir los niveles de testosterona?

a. Dieta baja en carbohidratos.

b. Estrés crónico.

c. Ejercicios de fuerza.

6.
¿Qué impacto tiene el exceso de grasa corporal en los niveles de testosterona?

a. Los aumenta.

b. Los disminuye.

c. No tiene impacto.

7.
¿Cuál de los siguientes alimentos favorece el balance de la testosterona?

a. Azúcar refinado.

b. Pescados grasos.

c. Harinas refinadas.

8.
De las siguientes opciones, ¿cuál no es una forma de medir la testosterona en el cuerpo?

a. Prueba de sangre.

b. Conteo de plaquetas.

c. Prueba de saliva.

9.

¿Cuándo se aplica la terapia de reemplazo de testosterona?

a. En casos extremos, para tratar el hipogonadismo.

b. Para disminuir el riesgo de falla hepática.

c. Para tratar los casos de acné severo.

10.

¿Qué puede producir una cantidad elevada de testosterona en la mujer?

a. Amenorrea.

b. Disminución de la libido.

c. Falta de energía.

Respuestas:

1 → A
2 → B
3 → C
4 → A
5 → B
6 → B
7 → B
8 → B
9 → A
10 → A

Puntuación:

RESPUESTAS
CORRECTAS
↓
8-10

EXPERTO

¡Excelente! Eres poseedor de un amplio conocimiento sobre la testosterona. Tienes el poder necesario para cuidar tu equilibrio hormonal.

RESPUESTAS
CORRECTAS
↓
5-7

AMPLIO CONOCIMIENTO

Tienes un buen manejo de los conceptos básicos sobre la testosterona, pero podrías profundizar un poco más.

RESPUESTAS
CORRECTAS
↓
0-4

PRINCIPIANTE

Debes seguir investigando para que tus conocimientos sean suficientes y te sirvan como base para construir una vida más saludable.

Tu especialista de cabecera dice

MARIAN ROJAS ESTAPÉ

En su libro *Encuentra tu persona vitamina*, indica:

« Los estudios realizados sobre este tema han demostrado que a quienes se les inyecta testosterona tienen menos capacidad de interpretar las emociones del entorno. Les cuesta ponerse en la piel del otro. Etiquetan y hacen generalizaciones al analizar el comportamiento ajeno, sin profundizar de forma correcta en las emociones ».

JOHN PERRY

Es investigador científico sénior en la Unidad de Epidemiología del Consejo de Investigación Médica de la Universidad de Cambridge (Reino Unido). Trabaja para comprender el envejecimiento reproductivo y su relevancia para la salud metabólica en:

« Los niveles de testosterona en hombres y mujeres son hereditarios (~20%) y están influenciados por el efecto combinado de muchos genes y variantes genéticas. No obstante, dichos niveles están regulados de forma completamente diferente en ellos ».

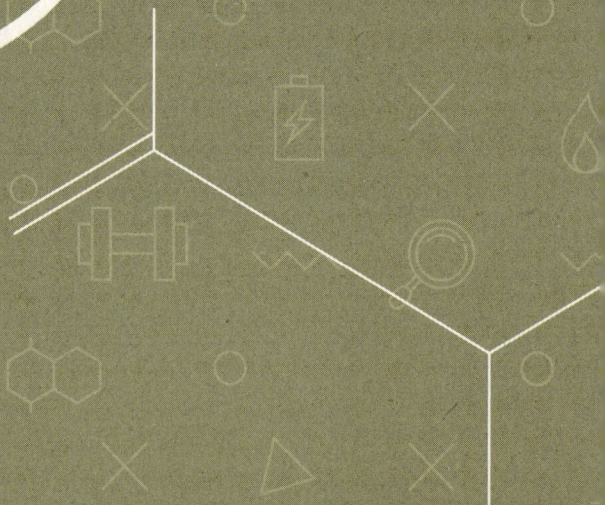

PARA

crear

Doce pasos hacia la química de la felicidad

Hemos hablado muchísimo sobre cómo influyen las hormonas y los neurotransmisores en nuestro organismo y estado de ánimo. También de cómo su equilibrio nos pone —o no— en un estado pleno, de calma, relajación o felicidad. Por tal motivo, hemos preparado una lista de pasos para que los tengas en cuenta y los apliques en tu día a día para lograr el balance entre estos químicos indispensables del cuerpo que son tus grandes aliados para alcanzar una sensación de plenitud y bienestar.

1

RÍE

Busca a tu pareja, amigos, familia, vecinos y comparte risas, anécdotas y momentos agradables. La risa aumenta el consumo de energía y la frecuencia cardiaca en aproximadamente 10 y 20%. Se estima que se llegan a quemar entre diez y cuarenta calorías por cada diez minutos de risas.

2

MEDITA

↓

Es la forma más efectiva para reducir la ansiedad y el estrés. También ayuda a liberar las sensaciones negativas y a gestionar mejor las emociones, lo que te llevará a sentir paz y seguridad contigo mismo. Físicamente, contribuirá a disminuir tu presión arterial y te hará dormir mejor.

3

DUERME z^z^z

4

HAZ EJERCICIO FÍSICO

De siete a nueve horas es lo recomendable para descansar lo suficiente. El sueño ayudará a tu cerebro a recuperarse del día a día, a desempeñarse mejor, tomar decisiones más acertadas, establecer mejores relaciones con otras personas, etc. Y no solo eso, también te sentirás más optimista.

Es la manera más eficiente en la que sentirás bienestar y felicidad, dado que el cuerpo libera gran cantidad de endorfinas, serotonina y dopamina. Además, la actividad física también disminuirá el estrés porque reduce el cortisol, te vuelve más sociable, aumenta tu sentido del orden y conecta el cuerpo con la mente.

5

COME SANO

De esta manera, aumentarás los niveles de dopamina en el cuerpo y recibirás los nutrientes necesarios para el correcto funcionamiento del cerebro y el sistema nervioso.

6

CUMPLE OBJETIVOS

↓

El sentimiento de felicidad que se experimenta al alcanzarlos te motivará más, te dará seguridad y confianza en ti mismo. Conseguir algo que realmente deseas es una de las satisfacciones más intensas que existen.

7

ABRAZA

El contacto físico con afecto mejora la autoestima, reduce el estrés, atenúa el estado de ánimo negativo y aminora la percepción de conflicto contigo mismo y con todos los que te rodean. Asimismo, contribuye a alejar la ansiedad y te brinda el alivio de sentirte como en un refugio.

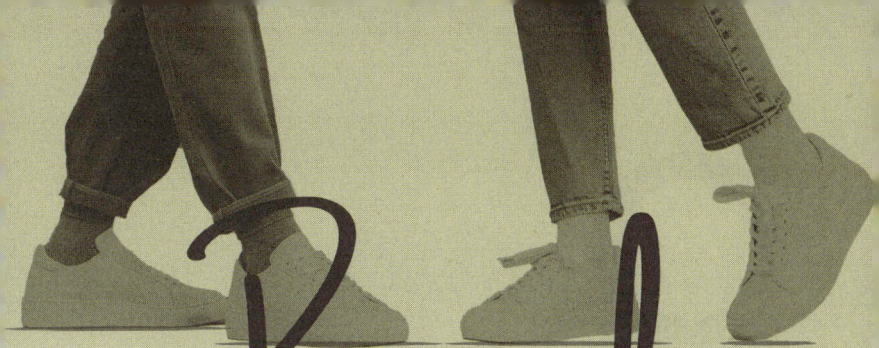

8 Baila

En la soledad de la cocina, acompañado en una gran fiesta o con tu pareja. No solo liberarás dopamina y serotonina, sino que, además, oxigenarás el cerebro. Gracias a eso, se generan nuevas conexiones neuronales.

9

TOMA EL SOL

Es la única forma en la que el cuerpo produce vitamina D. Esto mejora el ánimo, disminuye la presión arterial, fortalece los huesos, músculos e incluso el sistema inmunitario. Eso sí, ten en cuenta que debes hacerlo con moderación y con la protección necesaria.

AYUDA A ALGUIEN

Las buenas acciones traen como recompensa el aumento de la satisfacción en la vida, mejoran el estado de ánimo y bajan los niveles de estrés. Esto te hará sentir valorado, reafirmará tus relaciones interpersonales, fortalecerá tus vínculos y generarás confianza y gratitud.

10

11

CONECTA CON LA NATURALEZA

↓

En general, salir a pasear por la playa, un bosque, la selva, una duna desierta o por espacios verdes, te hará más feliz. Los sentidos se estimulan, te llenas de paz, armonía y te conectas más con la vida.

12

AGRADECE

Te permitirá ser más consciente de los aspectos no materiales de la vida. El sentimiento de gratitud está íntimamente relacionado con la satisfacción personal, la salud mental, el optimismo y la autoestima. Asimismo, agradecer te permitirá conocerte mejor y gestionar de manera más adecuada las relaciones sociales.

COMPROMISOS

PARA MI BIENESTAR

En el capítulo 4, hemos explicado cómo mantener el equilibrio. Considerando esa información, sería ideal poner en blanco y negro tus compromisos personales de cara al futuro.

¿Qué quieres hacer de ahora en adelante? ¿Tal vez sonreír más o alimentarte de manera balanceada?

o ....

....

o ....

....

o ....

....

o ....

....

o ....

....

o ....

....

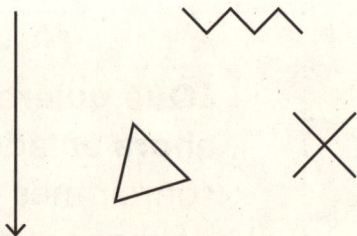

ACCIONES

PARA MI EQUILIBRIO

El camino para mantener nuestros compromisos y lograr nuestros objetivos está hecho de pequeñas acciones cotidianas que marcan la diferencia. La clave está en el cambio: ¿qué modificaciones concretas piensas hacer en tu vida para alcanzar los compromisos que anotaste en la página anterior?

Un gran cambio puede ser acostarte una hora más temprano o meditar diez minutos por las mañanas. **¡La ruta la haces tú!**

LOS SERES QUE ELEVAN LOS QUÍMICOS

DE MI FELICIDAD

Las relaciones con otras personas son tan importantes para nuestra salud como comer bien o hacer ejercicio. Esos vínculos nos dan contención, apoyo, cariño y seguridad, lo que es vital para nuestro equilibrio emocional. Por eso, es fundamental tener presente quiénes son.